小科普大文化

不寻常的自然传说

传统文化与科学融合的国风绘本

李宏蕾　韩雨江◎主编

吉林科学技术出版社

阅读指南

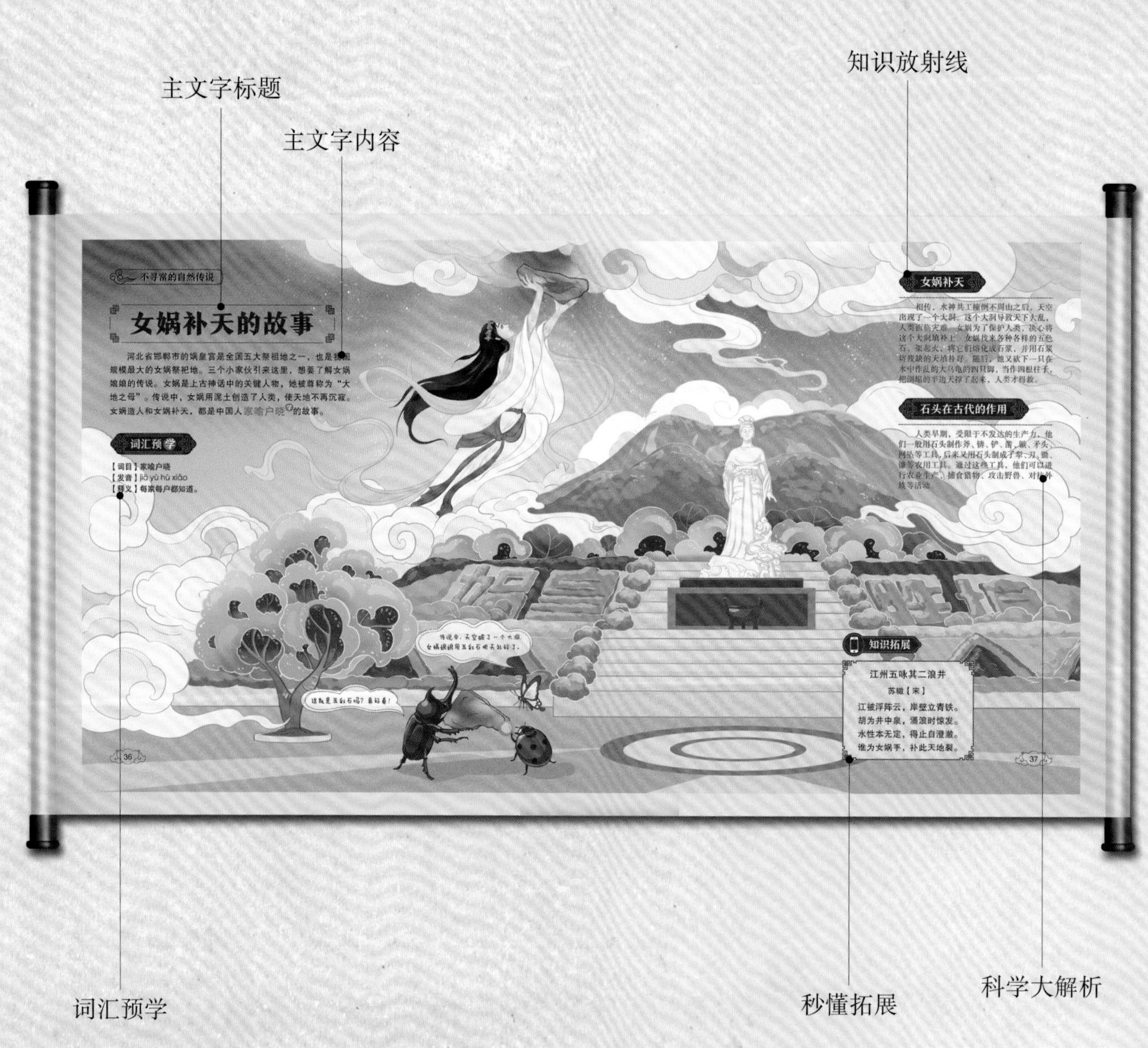
主文字标题
主文字内容
知识放射线
词汇预学
秒懂拓展
科学大解析
不寻常的自然传说
女娲补天的故事
词汇预学
女娲补天
石头在古代的作用
知识拓展
江州五咏其二浪井
苏轼【宋】
江被浮阵云，岸壁立青铁。
胡为井中泉，涌浪时惊发。
水性本无定，得止自澄澈。
谁为女娲手，补此天地裂。
36
37

软件操作说明

根据设备类型扫描图书相应的二维码标识，进入界面下载《小科普大文化》的 App 应用，打开 App 应用即可进入应用界面。

进入应用界面，即可看见“有声读物”“沉浸式动画”“拼图游戏”三个互动内容。点击按钮，即可进入相应互动界面。

有声读物：用手机 App 选择有声读物，扫描带有“扫一扫”图标的界面，打开界面后，点击瓢虫即可听到真人语音阅读。

沉浸式动画：App 中附带四个场景动画，点击选择要看的动画图标，即可观看生动、有意境的动画内容。

拼图游戏：App 中附带四个有趣的场景拼图游戏，在互动中感受中华传统文化，也可以帮助开发孩子智力，培养动手能力。

前情提要

胖老仙儿是一只来自国外的小昆虫，因为喜欢中国传统文化，不远万里来到中国。在中国，胖老仙儿认识了七星瓢虫七小星和美凤蝶小凤蝶，七小星和小凤蝶带着胖老仙儿四处游玩，给它讲了很多有趣的中国传统文化知识。在七小星与小凤蝶的引领下，胖老仙儿对中国传统文化更感兴趣了，但接触到的事物实在是太多了，胖老仙儿还需要慢慢消化这些知识。

在听七小星与小凤蝶讲解的同时，胖老仙儿也会用它曾经学到的科学知识来解释一些现象。这一路，几只小昆虫在彼此身上学到了很多！

寻古冒险

本书搜寻了很多中国人文景观和历史遗迹。这些古迹将带给小读者们优美、大气、恢宏的体验。同时，古遗址、古镇、古建筑中蕴藏的人类智慧，将激发读者想象空间，让小读者们在轻松的氛围中了解中国传统文化与科学知识，真正做到了在小科普中了解大文化。

探秘自然

本册图书记录了自然界中存在的现象，以及与这些现象有关的传说。天空、陆地、海洋……大自然给我们带来了无与伦比的美丽奇观，中国古代人用他们的聪明、浪漫赋予了这份美丽更多的神奇，这是属于中国人自己的文化瑰宝。小读者们在听故事的同时，还能学到其中的科学原理，寓教于乐，学习效果更好。

古代发明

中国人民自古就独具匠心，善于发明。本册图书列举了我国古代的许多伟大发明，同时，侧重介绍了中国五千年历史中的重要发明。阅读本书，小读者们将在小小的绘本里，了解中国作为一个文明古国的发展之路，在感受祖先智慧结晶的同时，激发自身的创造能力。

传统美食

本册图书就像是三只小昆虫探索中国美食的日记，书中将三个小家伙的飞行经历和中国美食文化创意相结合，在介绍美味食物的同时，融入我国的饮食文化细节，让小读者们在读绘本的同时，充分吸收知识，了解祖国的人文历史。

主角介绍

中国的七星瓢虫七小星、美凤蝶小凤蝶和来自国外的独角仙胖老仙儿原本是三只本不相干、没有交集的昆虫，它们因为对中国传统文化的热爱和对知识的渴望聚在了一起。七小星是一只果敢无畏的七星瓢虫，小凤蝶是一只娇小美丽且胆子非常小的美凤蝶，胖老仙儿则是一只胖胖的、鬼点子非常多的外国昆虫。它们共同飞行，游历中国的名山大川，了解中国的古迹、中国的大自然、中国的古发明、中国的美食，在这个过程中为小读者们讲述有趣的中国传统文化故事，解析科学理论。相信这套跨界融合、颠覆刻板的科普图书，能给小读者们创造一个全新的思考空间！

目录

诸葛亮借东风

《三国演义》是三个小家伙都爱读的名著。书中最著名的战役莫过于赤壁之战，这场战役是中国历史上著名的以少胜多、以弱胜强的战役之一，造成了曹魏、蜀汉、东吴三足鼎立的三国局面。三个小家伙来到了武赤壁，这里经过千年的时光，早已没有了赤壁之战的战斗痕迹，唯有滚滚的长江依然不变。望着向东流去的长江，三个小家伙心生疑惑，当年诸葛亮是如何神机妙算[学]，借助东风的力量赢得胜利的呢？

知识拓展

咏柳

贺知章【唐】

碧玉妆成一树高，
万条垂下绿丝绦。
不知细叶谁裁出，
二月春风似剪刀。

词汇预学

【词目】神机妙算
【发音】shén jī miào suàn
【释义】惊人的机智，巧妙的谋划，形容有预见性，善于估计客观情势，决定策略。

风的形成

风是一种最常见的自然现象。它是由空气流动而形成的。太阳光照射在地球表面，使地表温度升高，地表的空气受热膨胀变轻而往上升，形成了一定的空洞。由于大气压强的作用，热空气上升后，低温的冷空气横向流入，上升的空气又因逐渐冷却变重而降落，这个过程不停地循环，空气不停地流动，就形成了风。

《三国演义》中的诸葛亮

每当提起《三国演义》，人们都会想起“草船借箭”“巧借东风”的诸葛亮，这两个故事都是在赤壁之战中发生的。草船借箭显现出诸葛亮对人心的把控，诸葛亮知道曹操多疑，故意派出船只，让曹操用箭射船，因此，得到十余万只箭。巧借东风显现出了诸葛亮的博学，他算出了风的走向，利用了风的助力，烧毁了曹营。

雷公电母的传说

天空阴云密布学，一道闪电划过，随之响起一阵雷声。三个小家伙赶紧飞向慈氏塔，因为雷雨天时必须要躲在室内，在空旷之地或者高处会有危险。慈氏塔虽然古旧，却建设得非常壮观。慈氏塔用塔顶铁杵拦截雷电，并用 6 条从铁杵延至地面的铁链将雷电流引到地面消散。不少人认为慈氏塔安装的防雷装置是世界上最早的避雷装置。

词汇预学

【词目】阴云密布
【发音】yīn yún mì bù
【释义】阴雨天的云紧密分布，可能要下雨了。比喻社会（事态）已经发展到了非常险恶的地步。阴云密布也暗指心情不好，事情不顺。

这“轰隆隆”的雷声好可怕呀！

知识拓展

己亥杂诗

龚自珍【清】

九州生气恃风雷，
万马齐喑究可哀。
我劝天公重抖擞，
不拘一格降人材。

闪电的形成

气流在雷雨云中会因为水分子在高空分解和摩擦的过程产生两种静电，一种是云层上端的正电荷，一种是云层下端的负电荷，并且地面也会自然带有一种正电荷，三者之间相互吸引，当聚集的电荷达到一定的数量时，就形成了闪电。

雷公电母的传说

雷公电母是古代神话中掌管打雷和闪电的神明。雷公讨厌坏人，经常用雷处罚坏人，但雷公视力很差，无法看清黑白。因为看不清电母的善恶，雷公害死了电母。雷公查清真相后非常后悔，请求天帝让电母复活，成为自己的助手。天帝复活了电母，后来电母会在雷公前面行动，为雷公照亮天地，让雷公看清是非善恶。

“窦娥冤”之六月雪

三个小家伙来到京剧剧院，它们将在这里看一出戏曲——《窦娥冤》。《窦娥冤》原名为《感天动地窦娥冤》，这是一部由元代戏曲作家关汉卿创作的悲剧。关汉卿被誉为“中国的莎士比亚”，他一生创作了六十多种杂剧，是我国戏剧史上作品最多、成就最大的一位作家。《窦娥冤》讲述了善良孝顺、逆来顺受[学]的窦娥被封建社会迫害的故事。

词汇预学

【词目】逆来顺受
【发音】nì lái shùn shòu
【释义】对别人的欺负或无理的待遇采取忍受的态度。

雪的成因

雪是空中水蒸气遇冷凝结形成的。雪只在很冷的温度及温带气旋影响下才会出现，因此，亚热带地区和热带地区下雪的机会较微小。雪是由大量白色不透明的冰晶（雪晶）和其聚合物（雪团）组成的，雪晶主要是在云中凝华增大的，其首先在冷云中通过冰核的作用产生冰晶，再通过凝华，长大成雪晶。

窦娥冤与六月雪

窦娥从小没有母亲，父亲为了上京赶考，将她卖做童养媳。窦娥出嫁后，丈夫就去世了。恶霸张驴儿想要强娶她，被窦娥拒绝，于是张驴儿陷害窦娥，害得窦娥被判斩首示众。临刑前，满腔悲愤的窦娥许下三桩誓愿：血溅白练，六月飞雪，大旱三年。窦娥的冤屈感天动地，最后三桩誓愿一一实现，所有人都相信了窦娥的冤屈。

知识拓展

绝句

杜甫【唐】

两个黄鹂鸣翠柳，
一行白鹭上青天。
窗含西岭千秋雪，
门泊东吴万里船。

孙悟空的筋斗云

在中国古代的神话传说中，孙悟空是知名度很高的一位英雄，小朋友们都很喜欢“猴哥”。三个小家伙想去孙悟空的家乡看一看，于是，它们来到了花果山水帘洞，这里位于江苏省连云港市南云台山中麓学，这也是1986年版西游记的主要采景地之一 。这里风景优美，空气清新，像是一处人间仙境，拥有很多壮丽的自然景观。

词汇预学

【词目】麓
【发音】lù
【释义】山脚。最原始的意义是生长在山脚的林木，所以常和与山有关的词连用，如：山麓。

扫一扫

扫一扫画面，小动画就可以出现啦！

这里风景真美，就像是仙境一样！

花果山的水帘洞

水帘洞，因《西游记》闻名海外。有一个水帘洞的描述：在花果山里有一个水帘洞，洞中有水，顺水寻其源，沿洞向上爬攀，发现源流为一股瀑布飞泉。水帘洞并不是天然形成的，而是人为建造的洞房。水帘洞的水来源于洞内一座石桥下，水先流入密闭的中空石窍，然后从低处流向高处，最后从石窍出口倒挂流出，形成水帘。建造水帘洞的人，人为的设计了一次洪水，将窍中的空气挤出，然后又确保数百年水流不断，水帘洞的水帘才能够长年流淌。

知识拓展

山行

杜牧【唐】

远上寒山石径斜，
白云生处有人家。
停车坐爱枫林晚，
霜叶红于二月花。

翻个跟头十万八千里

孙悟空是《西游记》中的主角之一，他大部分的本领由须菩提祖师传授。须菩提祖师教给孙悟空七十二变、长生之道等仙法，也教孙悟空腾云驾雾。孙悟空最初学习腾云驾雾时，总是学不会，动作很奇怪，于是须菩提祖师根据孙悟空“猴子”的特性，教他用翻跟头的方式飞行，便有了孙悟空一个跟头十万八千里（四万五千千米）的飞行神力。

大闹东海的哪吒

三个小家伙来到了东海游玩，没想到海面上竟然有海市蜃楼[学]，这幻象正是当年哪吒与东海龙王三太子大战的场景。在哪吒闹海的故事中，东海龙王三太子喜欢欺负百姓，残害儿童。哪吒见此恶行，挺身而出，打死了三太子。哪吒用的武器，正是他的师父太乙真人送给他的风火轮、乾坤圈和混天绫。

词汇预学

【词目】海市蜃楼
【发音】hǎi shì shèn lóu
【释义】比喻虚无缥缈的事物，也可用来形容心中想到但不切合实际的幻想。

哪吒脚上的风火轮真神奇！

哪吒脚踩风火轮与孙悟空翻跟头，哪个更快呢？

风能、热能、重力势能

石油让我们出行便利，煤炭为我们带来温暖，这些能源属于不可再生能源，总有一天会耗尽。因此，人们开始对风能、热能、重力势能进行研究，这些都属于可持续能源。用风车收集风的力量来发电便是对风能的利用；热能主要是指由地壳抽取的天然热能，即地热能的应用，可用来供暖；重力势能则是物体下滑把重力势能转换为能量，成熟的应用有重力灯。

知识拓展

风

李峤【唐】

解落三秋叶，能开二月花。
过江千尺浪，入竹万竿斜。

哪吒闹海的故事

在哪吒闹海的故事中，哪吒打死三太子后，东海龙王为了给儿子报仇，想用洪水淹没陈塘关。哪吒为了保护陈塘关的百姓，用自杀的方式平息东海龙王的愤怒。太乙真人得知此事后，用莲藕做他的骨骼，荷叶做他的肌肉帮助哪吒复活，哪吒复活后帮助姜子牙讨伐纣王，屡立奇功。

拯救母亲的沉香

华山被誉为“奇险天下第一山”，这里不仅风景壮丽，还有很多传奇故事。三个小家伙为了研究华山传说，登上了华山西峰。华山流传的神话传说当中，让人印象最深刻的便是《宝莲灯》的故事，它讲述的是，小沉香历尽千辛万苦，和自己的舅舅二郎神及神权对抗，最终打破陈旧的封建思想，拯救学了自己的母亲。相传，沉香的母亲被二郎神镇压在华山下的黑云洞中……

词汇预学

【词目】拯救
【发音】zhěng jiù
【释义】解救，指援助使其脱离危难、危险。

那是为了庆祝沉香母子的团聚。

你们看，宝莲灯在发光。

山的成因

根据形成原因，山可以分为构造山、侵蚀山和堆积山三大类：由于地壳构造运动所形成的山称为构造山；原为高原或构造山，后来受到流水、风力等外力长期侵蚀分割而形成的山地，叫作侵蚀山；由于某些物质在地表堆积而成的山叫堆积山。

沉香救母的传说

相传在天庭，有一则天条是仙人与凡人不能相爱。掌管天条的是二郎神，但他的妹妹三圣母却爱上了凡人书生刘玺。三圣母为刘玺生下一个孩子取名刘沉香。二郎神认为妹妹违反了天条，于是盗走了三圣母的宝物——宝莲灯，并将三圣母压在了华山之下。十五年后，刘沉香学得武艺，劈开华山，救出了母亲。

知识拓展

独坐敬亭山

李白【唐】

众鸟高飞尽，
孤云独去闲。
相看两不厌，
只有敬亭山。

邂逅“凌波仙子”

三个小家伙来到漳州东南花都，这里拥有很多花卉，轻轻呼吸就可以闻到清新、淡雅的花香，心情也随之变得格外愉悦。在这里，它们邂逅学了凌波仙子。凌波仙子是水仙花的化身，关于她的传说有很多。三个小家伙一边欣赏水仙花，一边听凌波仙子讲述关于她的故事……

词汇预学

【词目】邂逅
【发音】xiè hòu
【释义】偶然遇见；不期而遇。

好想喝点儿香甜的花蜜呀！

让我看看，这些花朵中有没有害虫。

知识拓展

江畔独步寻花七绝句

杜甫【唐】

黄四娘家花满蹊，
千朵万朵压枝低。
留连戏蝶时时舞，
自在娇莺恰恰啼。

光合作用

每次我们到深山或者植物园中，都能感受到空气特别清新，其实，这与光合作用有关。深山中有很多绿色植物，绿色植物的叶片中有一种特殊的细胞器叫作叶绿体。叶绿体产生的叶绿素可以吸收光能，把二氧化碳和水转换为有机物存在绿色植物体内，同时释放氧气。光合作用能够实现能量转换，对大气中的碳氧平衡具有重要意义。

凌波仙子的传说

在我国古代的神话故事中，有一位水仙花化身的仙女，她就是凌波仙子。相传，明朝有一位小官吏叫张光惠，他因为官场黑暗，决定辞官返乡。张光惠回乡前，在洞庭湖泛舟时，邂逅了凌波仙子化身的水仙花。水仙花带给张光惠无限的灵感，他在几天内做出了近百首诗歌。这些诗歌打动了凌波仙子，于是陪同张光惠回到了他的家乡。

烟雨江南的断桥

杭州的美景众多，西湖的景色更是让人难忘。三个小家伙一直对西湖的美景念念不忘，于是，它们来到了西湖的断桥。小雨淅沥沥地下着，勾勒出一幅烟雨朦胧学的美景。三个小家伙站在桥上，向桥下看去，发现有一艘小船在静静地漂浮着，船上站着的好像是白素贞与许仙。

词汇预学

【词目】朦胧
【发音】méng lóng
【释义】指物体的样子模糊、看不清楚，或者人所表达的感情思想不太清晰。

白娘子传奇

相传在很久很久以前，有一条白蛇名叫白素贞，她修炼了1000年化为人形，却不能成仙。白素贞问观音，观音说她需要找到前世恩人，报恩后才能成仙。白素贞便带着自己的妹妹小青下山寻找恩人。西湖断桥是白素贞与许仙故事的开始，在断桥上，白素贞遇见了自己的前世恩人许仙，在雨中许仙送给白素贞一把伞，他们因此相识，后来结成了夫妻。

冷暖风的对峙

梅雨是中国长江中下游区域较为常见的天气，每年的6月、7月都是梅雨天气，会连续下很多场雨。梅雨的形成与冷暖空气有关，来自海洋的暖湿气流与来自陆地的冷空气相遇，由于冷空气重，暖空气轻，暖湿气流被迫上升，遇冷凝结，形成一条很长、很宽的降雨带。冷暖空气的长期“对峙”将形成长时间的阴雨天气。

知识拓展

长相思·桥如虹

陆游【宋】

桥如虹，水如空。一叶飘然烟雨中。
天教称放翁。侧船篷，使江风。
蟹舍参差渔市东。到时闻暮钟。

盘古开天辟地

三个小家伙来到了位于广西壮族自治区来宾市的盘古生态文化景区，它们首先与广场上的盘古塑像合了张影，然后进入了盘古祖殿，听导游解说盘古开天辟地[学]的神话故事。神话传说中，盘古是天地间的第一尊巨神，正是他的自我牺牲创造了供人们生存的世界。

词汇预学

【词目】开天辟地
【发音】kāi tiān pì dì
【释义】神话中说盘古氏开天辟地后才有世界，因此用“开天辟地”指宇宙开始或有史以来。

知识拓展

登幽州台歌

陈子昂【唐】

前不见古人，
后不见来者。
念天地之悠悠，
独怆然而涕下！

地球的形成

地球是人类的家园，它也是太阳系的一员。探访地球起源时要先了解太阳系的起源。理论上讲，太阳的形成始于46亿年前一片巨大氢分子云的引力坍缩，坍缩的质量大多集中在中心，就形成了太阳；其余部分一边旋转一边摊平，继而形成了行星等天体。地球就是由原始的太阳星云分馏、坍缩、凝聚而形成的行星。

盘古开天地

相传在很久很久以前，天地间一片混沌，混沌中孕育着一位巨人，名叫盘古。盘古在某天醒来后发现，宇宙是个混沌的圆团，漆黑一片，而世间只有他一人，于是他拿着斧子将天和地劈开。为了避免天地合拢，他就用手支撑起天，用脚踩踏着地，站在天地之间，随着天地的增长而增高。盘古慢慢变得和天地一样高，但他的生命也走到了尽头。

悲壮的夸父逐日

太阳早上从东方升起，晚上在西方落下，这是千万年不变的规律。古往今来学的人们都想弄懂太阳落山的秘密，三个小家伙也想。于是，它们来到了夸父山，这里山清水秀，是观看日出和日落的好地方。在很久很久以前，一位名为夸父的巨人，他想了解太阳的奥秘，以便人们利用阳光更好地种植农作物，于是他开始追逐太阳……

词汇预学

【词目】古往今来
【发音】gǔ wǎng jīn lái
【释义】从古时到现在，泛指很长一段时间。

古老的计时仪器

日晷（guǐ）是古代常用的计时仪器，它通常由铜制的指针“晷针”和带有刻度的表座“晷面”组成。日晷的计时原理是利用太阳投射的影子来测定时刻。晷面有 12 个大格，每个大格代表 2 个小时。当太阳光照在日晷上时，晷针的影子就会投向晷面，随着太阳移动。人们根据晷针的影子，能了解大致的时间。

知识拓展

登鹳雀楼
王之涣【唐】
白日依山尽，
黄河入海流。
欲穷千里目，
更上一层楼。

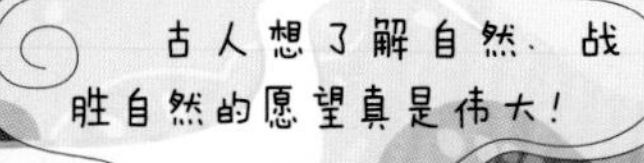

夸父为了真理追逐太阳……

悲壮的夸父逐日

相传，夸父是峨眉山上的巨人，他很有探索精神。为了弄懂太阳东升西落的原理，夸父决定追赶太阳来了解太阳的秘密。经过不懈的努力，夸父终于在太阳落山的地方追到了它。太阳炽热异常，他觉得很口渴，于是就喝光了黄河、渭河的水。夸父还是很渴，于是便去喝远处一处湖里的水，可是夸父却渴死在半路上。后来，他的身体化作了夸父山，他的手杖化作了一片桃林。茂盛的桃林可以为往来的过客遮阴，结出的鲜桃可以为勤劳的人们解渴。

精卫填海的故事

三个小家伙沿着海岸线散步，此时海上风平浪静[学]，浪花轻柔地拍打着海岸，咸咸的海风吹过，带来一阵凉爽。它们仰头看着天空时，突然发现一只花脑袋、白嘴壳、红爪子的鸟，这只鸟一边喊着“精卫，精卫”，一边向大海中丢入石头和草木。这只鸟就是传说中的精卫鸟。关于精卫鸟有一个悲惨的故事……

词汇预学

【词目】风平浪静
【发音】fēng píng làng jìng
【释义】没有风浪，水面很平静，形容平静无事。

知识拓展

秋夜将晓出篱门迎凉有感二首·其二

陆游【宋】

三万里河东入海，五千仞岳上摩天。
遗民泪尽胡尘里，南望王师又一年。

水的质量

水的计量单位一般用容积单位的毫升、升来表示，1毫升等于1立方厘米。水的密度为1克每立方厘米，由于液态水的密度随温度变化不是很大，因此，可以粗略认为1毫升的水等同于1克的水。由于固态水的密度比液态水的密度要小，因此，同样质量的冰比同样质量的水体积要大。

精卫填海的故事

上古时期，有一个关于溺水的悲惨故事。相传，炎帝神农氏有个女儿，名为女娃。女娃去东海游玩时，不幸被水淹死。女娃不甘心就这样死去，于是变成了一只鸟，这只鸟被人们称为“精卫”。它每天衔石块和树枝投入东海，要把大海填平。后来人们用“精卫填海”指怀有深仇大恨，而立志报仇雪恨。也可以形容人意志坚强，不畏艰难，矢志不渝。

七夕节的由来

农历的七月初七是七夕节。在七夕节这天，三个小家伙来到郊外，准备观赏牛郎、织女星。七夕节是一个充满爱意的节日，它以牛郎和织女的民间传说为载体，表达已婚男女之间不离不弃、白头偕老[学]的情感。相传每年的七月初七，牛郎和织女都会在鹊桥上相会。

词汇预学

【词目】白头偕老
【发音】bái tóu xié lǎo
【释义】白头：头发白；偕：共同。夫妇感情和谐，共同生活到老。

哪两颗是牛郎星和织女星呢？

你看，隔着银河那两颗明亮的星星，它们就是牛郎星和织女星。

会发光发热的恒星

牛郎星和织女星是两颗恒星，人们赋予了它们美好的寓意。恒星是本身能发出光和热的天体，太阳就是离地球最近的恒星。在地球的夜晚可以看见的其他恒星，几乎全都在银河系内，但由于距离遥远，这些恒星只是看似一个固定的发光点。古人常用来指明方向的北极星就是一颗恒星。

牛郎、织女的故事

相传，织女是天神，牛郎是凡人。在一次偶然中，织女下凡结识了牛郎，两人一见钟情，结为夫妇，并生下儿女。但是人神恋爱是违反天条的，于是，玉帝派人抓走了织女，牛郎便背上儿女去追织女。王母娘娘为了分开二人,便划了一条银河来隔开他们。后来，王母娘娘被他们的爱情感动，破例让他们在每年的七夕在鹊桥上相会一次。

知识拓展

乞巧

林杰【唐】

七夕今宵看碧霄，
牵牛织女渡河桥。
家家乞巧望秋月，
穿尽红丝几万条。

伟大的仓颉造字

一撇一捺组成“人”字，“一撇一捺一点”组成“义”字。那么，这些字是谁创造的呢？三个小家伙来到了仓颉学庙，它们想要了解仓颉造字的故事。仓颉是上古神话中的传奇人物，他在中国汉字的创造中起了重要作用。

词汇预学

【词目】仓颉
【发音】cāng jié
【释义】也作苍颉。传说是黄帝的史官，汉字的创造者。

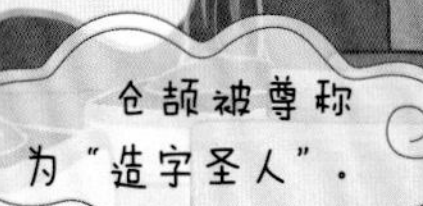

知识拓展

仓颉

王安石【宋】

仓颉造书，不诘自明。
於乎多言，只误后生。

仓颉造字的传说

在上古时期，人们没有文字，只能通过在绳上打结、在木头上刻画线条来记事。为了更好地记录信息，仓颉决定创造一种简便的文字。仓颉通过观察天上星宿、山川脉络，以及鸟兽虫鱼的痕迹、草木器具的形状，造出种种不同的符号，并且定下了每个符号所代表的意义。这就是最早的象形文字。

什么是星宿

仓颉在造字过程中参考了星宿（xiù）。星宿是什么呢？星宿是我国古代天文学的专用名词。古代人对星空不了解，他们对星空的研究发挥了浪漫的想象力。他们把天空中可见的星象分成二十八组，叫作“二十八宿”，作为中国传统文化中的重要组成部分之一，二十八宿被广泛应用于古代的天文、宗教、风水等术数中。

共工怒触不周山

三个小家伙来到昆仑山脉，想要欣赏“亚洲脊柱”的风采。昆仑山脉也被称为“万山之祖”，它是一座颇具仙气的山。相传，昆仑山脉的前身是不周山，不周山被一个叫共工的人用头撞击后坍塌学，形成了昆仑山脉与新的河流。中国上古时期流传下来的神话传说很多与昆仑山有关，它被认为是炎黄子孙的发源地。

词汇预学

【词目】坍塌
【发音】tān tā
【释义】倒塌，形容山坡、河岸、建筑物或堆积的东西倒下来。

知识拓展

敕勒歌

佚名【南北朝】

敕勒川，阴山下。
天似穹庐，笼盖四野。
天苍苍，野茫茫。
风吹草低见牛羊。

水火为什么不相容

水火不相容比喻两者对立，绝不相容。为什么水和火不能相容呢？这要从燃烧的本质说起。燃烧离不开三个基本条件：可燃物、点火源、助燃剂。水属于不可燃物，它永远不可能被火点燃。人们用水来扑灭火时，水将可燃物与点火源、助燃剂隔绝开，让它们无法进行燃烧，因此水火无法相容。

共工怒触不周山

在上古传说中，共工被称为“水神”，他是炎帝的后代，也是继神农氏以后，又一个为发展农业生产做出过贡献的人。共工对农耕很重视，他想出了筑堤蓄水的办法，在水利方面有很大的贡献。共工想推行水利工程，却与火神起了冲突。在斗争失败后，共工愤怒地撞上了不周山，不周山坍塌后形成了新的山川河流，山川也就是现在的昆仑山。

女娲补天的故事

河北省邯郸市的娲皇宫是全国五大祭祖地之一，也是我国规模最大的女娲祭祀地。三个小家伙引来这里，想要了解女娲娘娘的传说。女娲是上古神话中的关键人物，她被尊称为“大地之母”。传说中，女娲用泥土创造了人类，使天地不再沉寂。女娲造人和女娲补天，都是中国人家喻户晓学的故事。

词汇预学

【词目】家喻户晓
【发音】jiā yù hù xiǎo
【释义】每家每户都知道。

女娲补天

相传，水神共工撞倒不周山之后，天空出现了一个大洞。这个大洞导致天下大乱，人类面临灾难。女娲为了保护人类，决心将这个大洞填补上。女娲找来各种各样的五色石，架起火，将它们熔化成石浆，并用石浆将残缺的天填补好。随后，她又砍下一只在水中作乱的大乌龟的四只脚，当作四根柱子，把倒塌的半边天撑了起来，人类才得救。

石头在古代的作用

人类早期，受限于不发达的生产力，他们一般用石头制作斧、锛、铲、凿、镞、矛头、网坠等工具，后来又用石头制成了犁、刀、锄、镰等农用工具。通过这些工具，他们可以进行农业生产、捕食猎物、攻击野兽、对抗外族等活动。

知识拓展

江州五咏其二浪井

苏辙【宋】

江被浮阵云，岸壁立青铁。
胡为井中泉，涌浪时惊发。
水性本无定，得止自澄澈。
谁为女娲手，补此天地裂。

大禹治水

黄河自然环境优越，为原始人类的生存提供了有利条件。黄河孕育了中华民族的古代文化，是古代文明的发祥地之一，被称为“中华民族的摇篮”。黄河途径黄土高原，它的河水中携带了黄土，因此，河水呈现为黄色。三个小家伙今天来到了黄河，它们静静地观赏着黄河的辽阔。古代的雨季是黄河决堤学的高峰期，古人深受洪水之苦。他们研究出很多治水办法，其中大禹 (yǔ) 所用的“疏导治水”一直沿用至今。

词汇预学

【词目】决堤
【发音】jué dī
【释义】堤岸被水冲开。

可怕的洪灾

洪灾，指的是洪水灾难，它会给人类正常生活、生产活动带来损失和祸患。洪水是由暴雨、急骤冰雪融化、风暴潮等自然因素引起的江河湖海水量迅速增加，或水位迅猛上涨的水流现象。从客观上说，洪水频发有其不可抗拒的原因，但是围湖造田、乱砍滥伐等人为因素也在不断改变着地表状态，加剧洪灾程度。

大禹治水的传说

大禹治水是上古时期的神话传说。大禹和父亲鲧(gǔn)生活在黄河区域。黄河经常发生洪灾，导致人们无法正常生活。于是，首领尧(yáo)找来鲧治水。鲧只会用堵截的方法来治水，一直没有成果，后来尧找到了大禹，大禹研究出新的治水方法——疏导治水。大禹率领民众在群山中开道，经过夜以继日地工作，最终大山被挖开，形成两壁对峙之势，洪水由此一泻千里，向下游流去，水灾被治理好了。

神奇的帝王树

潭柘寺始建于晋代，它是北京最古老的寺庙。这天，三个小家伙来到了潭柘寺，这里的每一处风景都让它们着迷，最让人印象深刻的莫过于寺庙中的古树，其中最为高大的就是曾获封为"帝王树"的一棵银杏树。"帝王树"经历了数个王朝的兴衰，跨越了历史的波澜[学]，每当微风拂过，古树的碧叶就会轻轻摇晃，像是对人诉说着过去的故事。

知识拓展

晨兴书所见

葛绍体【宋】

等闲日月任西东，
不管霜风著鬓蓬。
满地翻黄银杏叶，
忽惊天地告成功。

词汇预学

【词目】波澜
【发音】bō lán
【释义】波涛，比喻事情的起伏变化。

扫一扫画面，小动画就可以出现啦！

树的年龄

树的年龄称为"树龄"，通常以年轮为准。年轮其实就是树茎的横切面上所见一年内木材和树皮的生长层。砍伐树木后，剩下的木墩上存在着一圈又一圈密密麻麻的木纹，这些木纹有深颜色和浅颜色，宽度也不一致，这就是年轮。树木的年轮记录着它们的年龄，每年长出一轮，数一数年轮就知道树木的年龄了。

帝王树的故事

帝王树的名字是清代乾隆皇帝钦赐的，也是历代皇帝对树木御封的最高封号。帝王树高达 24 米，直径 4 米有余，遮阴面积达六百多平方米。帝王树和皇帝有着神奇的感应，相传清朝时期，每当有新皇帝登基，帝王树便会生出一枝粗壮的树干，再逐渐与老树干合为一体；每当一位皇帝驾崩，便会从这棵树上掉下一个枝杈。

四灵之一的龙王

龙是中国最古老的氏族图腾之一。远古时期，人们敬畏自然、崇拜神力，于是就创造了这样一个能呼风唤雨、法力无边的神话形象。古代神话故事中，龙王可以行云布雨、消灾降福，象征祥瑞学。此刻，三个小家伙正在欣赏着舞龙，这是全国各地为了祈求平安和丰收的一种习俗。胖老仙儿心想，要是能见到真龙那该有多好！

词汇预学

【词目】祥瑞
【发音】xiáng ruì
【释义】指好事情的兆头或征象。

雨水的形成

陆地和海洋表面的水分蒸发变成水蒸气，这些水蒸气上升到一定高度之后遇冷就会液化成小水滴。这些小水滴的直径约为 0.01 毫米，它们被上升气流托着聚集在一起组成云，云中的水滴会通过凝华和凝结变大。当小水滴越来越大，直到上升气流无法托住它时，它便从云中直落到地面，形成了雨水。

龙王的传说

龙王是中国古代神话传说中，在水里统领水族的王。它掌管行云布雨，属于四灵之一。龙王有许多种，如以方位为区分的“五帝龙王”，以海洋为区分的“四海龙王”，以天地万物为区分的 54 名龙王和 62 名神龙王等。龙的等级也有不同的划分，其中三爪的龙是最低等的，爪数越多越稀有珍贵。

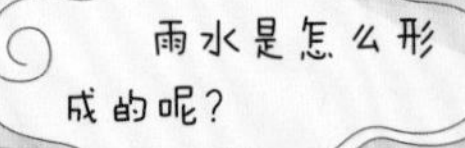

知识拓展
送元二使安西
王维【唐】
渭城朝雨浥轻尘，
客舍青青柳色新。
劝君更尽一杯酒，
西出阳关无故人。
传说是龙王在行云布雨！

富饶的西沙群岛

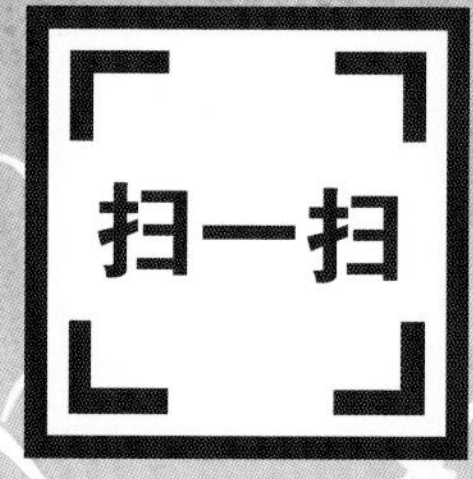

扫一扫画面，小动画就可以出现啦！

西沙群岛又名宝石群岛，它是中国南海四大岛群中最西部的群岛，由永乐群岛和宣德群岛等构成。西沙群岛自然资源丰富，是南海的重要渔场。三个小家伙将在西沙群岛展开一次特别的旅行，它们想要欣赏这里独特的风景，如波光粼粼的海水和五光十色[学]的珊瑚丛，还想要品味当地的新鲜海产，如海参、大龙虾等。

词汇预学

【词目】五光十色
【发音】wǔ guāng shí sè
【释义】形容色彩鲜艳，花样繁多。

导航鸟

西沙群岛素有"鸟的天堂"之称，这里栖息着四十多种鸟类。有一种鸟叫“鲣鸟”，它会在大海中给渔船导航，白天渔民根据鲣鸟集结和寻食的方向，驾船扬帆去撒网捕鱼，傍晚跟随它们飞回的路线，把渔船从茫茫大海驶往附近的海岛停泊，渔民们亲切地称鲣鸟为"导航鸟"。

热带气旋

西沙群岛是最易受台风侵袭的地区。台风属于热带气旋的一种，我国把西北太平洋和南海的热带气旋，按其底层中心附近最大平均风力的大小划分为 6 个等级，其中中心附近风力达 12 级或以上的，统称为台风。热带气旋是发生在热带海洋上的气旋，是地球物理环境中最具破坏性的天气系统之一。

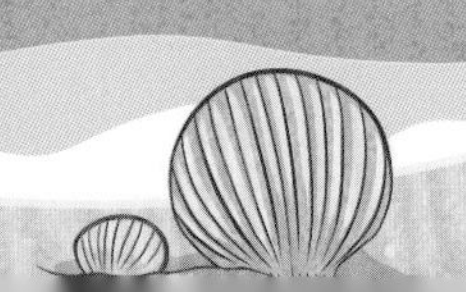

知识拓展
大风歌
刘邦【汉】
大风起兮云飞扬。
威加海内兮归故乡。
安得猛士兮守四方！
这里的海水真清澈。
西沙群岛真美丽！

话说钱塘潮

一线潮是钱塘潮的一种，它的潮声震耳欲聋[学]，潮景气势雄伟。三个小家伙来到了盐官镇，这里是观赏一线潮的最佳地点。一线潮并非只有在盐官才能够看见，只要是江道顺直，没有沙洲的地方，均可观赏到呈“一线”形的浪潮，但其他地方的一线潮都不如盐官镇的好看。盐官镇特殊的地理位置，让浪潮更集中，潮头特别高。

词汇预学

【词目】震耳欲聋
【发音】zhèn ěr yù lóng
【释义】耳朵都快震聋了，形容声音很大。

天下第一潮

钱塘潮被古人盛赞为“天下第一潮”。钱塘潮拥有多种潮景，每一种潮景都非常壮观。钱塘潮的形成与海洋潮汐有关，它有固定的最佳观潮时间，即每年的农历八月十六日至十八日。农历八月十八日的潮景最为壮观，因为在这一天，太阳、月球、地球几乎在一条直线上，海水受到的引潮力最大，浪潮也就最大。

引潮力的形成

引潮力指月球、太阳或其他天体对地球上单位质量物体的引力，以及地球绕地月公共质心旋转时所产生的惯性离心力，这两种力组成的合力，是引起潮汐的原动力。潮汐是海水在天体引潮力的作用下产生的周期波动现象，表现为垂直方向的潮位升降和水平方向的潮流进退。白天的海水涨落被称为“潮”，夜间的海水涨落被称为“汐”。

知识拓展

观浙江涛

徐凝【唐】

浙江悠悠海西绿，
惊涛日夜两翻覆。
钱塘郭里看潮人，
直至白头看不足。

蜚声遐迩的蝴蝶泉

三个小家伙来到了云南大理，它们在这欣赏蜚声遐迩[学]的蝴蝶泉。蝴蝶泉泉水清澈如镜，仿佛可以直接看到泉底。每年的蝴蝶会，这里都汇聚着成千上万只蝴蝶。据说，这些蝴蝶都是被合欢树所吸引。蝴蝶泉流传着很多爱情故事，比如村女雯姑和猎手霞郎的故事。

词汇预学

【词目】蜚声遐迩
【发音】fēi shēng xiá ěr
【释义】远近闻名。

泉水是怎样形成的

下过雨的地面上会有很多积水，积水一部分蒸发变成水蒸气，一部分沿着泥土、沙砾和有裂缝的岩石往下渗漏，遇到致密的岩石或紧密的土层（如黏土层等），水就会被拦截不再渗漏，地下水就在这里慢慢地积蓄起来。有些埋藏比较浅的地下水会找机会从低处裂缝中冒出地面，便形成了泉水。

扫一扫

扫一扫画面，小动画就可以出现啦！

蝴蝶泉的传说

传说，在大理苍山云弄峰下，有一对名叫霞郎和雯姑的男女青年，二人深深相爱，常在泉边对歌。雯姑因美貌被霸主虞王看中，虞王为了纳其为妾而抢亲。霞郎用计救出了雯姑，虞王紧追，逼得二人走投无路，便双双跳入了泉中殉情，最后化为一对蝴蝶，在泉上翩翩起舞，此后人们就把这个深潭叫作“蝴蝶泉”。

知识拓展

小池

杨万里【宋】

泉眼无声惜细流，
树阴照水爱晴柔。
小荷才露尖尖角，
早有蜻蜓立上头。

山城的雾

三个小家伙来到了雾都——重庆。这是一座经常被雾笼罩[学]的城市，平均每年有104天是大雾天，远超世界其他雾多的城市。重庆当地有很多与雾相关的景点与传说，如重庆蚩尤九黎城等。相传上古时期，蚩尤是九黎族的首领，他擅长打仗与控制雾。在涿鹿大战中，蚩尤为了打败皇帝，释放了很多迷雾，这场迷雾三天都没有散去。

词汇预学

【词目】笼罩
【发音】lǒng zhào
【释义】意思是像笼子（lóng zi）似的罩在上面。

雾的成因

当空气中容纳的水汽达到最大限度时就达到了饱和，而气温愈高，空气中所能容纳的水汽也愈多。如果近地面空气中所含的水汽多于一定温度条件下的饱和水汽量，多余的水汽就会凝结出来，当足够多的水分子与空气中微小的灰尘颗粒结合在一起，同时水分子本身也相互黏结，就变成小水滴或冰晶，也就是雾。雾和云都是由于温度下降而造成的，雾实际上也可以说是靠近地面的云。

布雾郎君与推云童子

在《西游记》的车迟国斗法这一篇章中，孙悟空为了战胜车迟国的三大国师，在天庭邀请了一组掌管天气的神仙。这组神仙分别是风婆婆、推云童子、布雾郎君、雷公、电母、四海龙王等，其中布雾郎君与推云童子的工作都与云雾有关，布雾郎君专门掌管雾，推云童子则是专门掌管云的祭司，他们两人携手兴云起雾，帮助了孙悟空。

知识拓展

水亭夜坐赋得晓雾

李益【唐】

月落寒雾起，沈思浩通川。
宿禽啭木散，山泽一苍然。
漠漠沙上路，沄沄洲外田。
犹当依远树，断续欲穷天。

蓬莱奇景“海市蜃楼”

三个小家伙来到了山东蓬莱。蓬莱是一座历史文化名城。从古至今，文人墨客都爱赞颂蓬莱。在这里，广泛传颂着各类传说，八仙过海、秦始皇祈求长生、徐福东渡扶桑等，更是为蓬莱抹上了神秘的色彩，而蓬莱特有的“海市蜃楼”美景，也让人心驰神往[学]。

词汇预学

【词目】心驰神往
【发音】xīn chí shén wǎng
【释义】心神飞到（向往的地方），形容非常向往。

知识拓展

无题·相见时难别亦难

李商隐【唐】

相见时难别亦难，东风无力百花残。
春蚕到死丝方尽，蜡炬成灰泪始干。
晓镜但愁云鬓改，夜吟应觉月光寒。
蓬山此去无多路，青鸟殷勤为探看。

光的折射和全反射

海市蜃楼是一种因为光的折射和全反射而形成的自然现象，是地球上物体反射的光经大气折射而形成的虚像。光的折射与光的反射一样，都是发生在两种介质的交界处，只是反射光线返回到了原介质中，而折射光线则进入到另一种介质中。由于光在两种不同的介质中传播速度不同，故在两种介质的交界处，传播方向会发生变化。

八仙过海的传说

八仙过海是中国民间流传最广的传说之一。八仙分别为汉钟离、张果老、韩湘子、铁拐李、吕洞宾、何仙姑、蓝采和及曹国舅。一天，八仙在蓬莱阁中饮酒，八个人都快喝醉时，铁拐李建议大家去蓬莱仙山游玩，并且只能施用法术过海，所以他们每个人都用自己特殊的本领过了海。现用“八仙过海，各显神通”来比喻各有各的本领，各显各的身手。

望庐山瀑布

三个小家伙来到了庐山，想要欣赏庐山的瀑布群。据考证，庐山之名，早在周朝就有了。庐山的附近都是地势平坦、比较辽阔的原野，所以高大的庐山就显得格外突兀学。庐山上又有很多的瀑布，所以古人对庐山的地形非常迷惑，于是就编了很多神话故事来解释庐山及山中瀑布的来历，秦始皇赶山塞海就是其中的一个故事。

词汇预学

【词目】突兀
【发音】tū wù
【释义】高耸的样子；
突然，出乎意外。

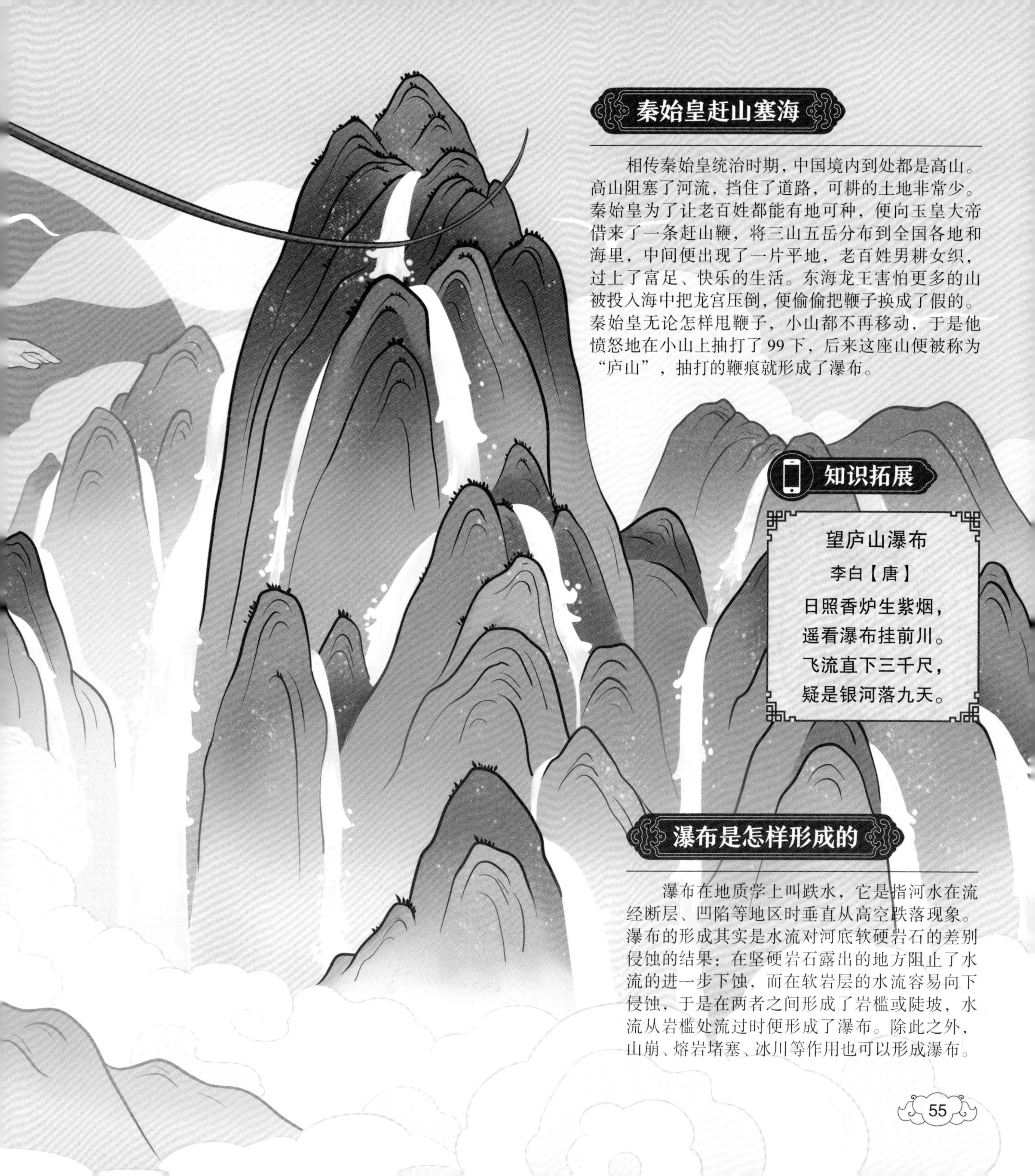

秦始皇赶山塞海

相传秦始皇统治时期，中国境内到处都是高山。高山阻塞了河流，挡住了道路，可耕的土地非常少。秦始皇为了让老百姓都能有地可种，便向玉皇大帝借来了一条赶山鞭，将三山五岳分布到全国各地和海里，中间便出现了一片平地，老百姓男耕女织，过上了富足、快乐的生活。东海龙王害怕更多的山被投入海中把龙宫压倒，便偷偷把鞭子换成了假的。秦始皇无论怎样甩鞭子，小山都不再移动，于是他愤怒地在小山上抽打了 99 下，后来这座山便被称为“庐山”，抽打的鞭痕就形成了瀑布。

知识拓展

望庐山瀑布

李白【唐】

日照香炉生紫烟，
遥看瀑布挂前川。
飞流直下三千尺，
疑是银河落九天。

瀑布是怎样形成的

瀑布在地质学上叫跌水，它是指河水在流经断层、凹陷等地区时垂直从高空跌落现象。瀑布的形成其实是水流对河底软硬岩石的差别侵蚀的结果：在坚硬岩石露出的地方阻止了水流的进一步下蚀，而在软岩层的水流容易向下侵蚀，于是在两者之间形成了岩槛或陡坡，水流从岩槛处流过时便形成了瀑布。除此之外，山崩、熔岩堵塞、冰川等作用也可以形成瀑布。

图书在版编目（CIP）数据

不寻常的自然传说 / 李宏蕾，韩雨江主编．-- 长春：吉林科学技术出版社，2023.5
（小科普大文化 / 李宏蕾主编）
ISBN 978-7-5744-0037-5

Ⅰ．①不… Ⅱ．①李… ②韩… Ⅲ．①自然科学－儿童读物 Ⅳ．①N49

中国版本图书馆CIP数据核字（2022）第235038号

小科普大文化 **不寻常的自然传说**
XIAOKEPU DA WENHUA BU XUNCHANG DE ZIRAN CHUANSHUO

主　　编　李宏蕾　韩雨江
绘　　者　长春新曦雨文化产业有限公司
出 版 人　宛　霞
策划编辑　王聪会　张　超
责任编辑　穆思蒙
封面设计　长春新曦雨文化产业有限公司
制　　版　长春新曦雨文化产业有限公司
主 策 划　孙　铭　付慧娟　徐　波
美术设计　李红伟　李　阳　许诗研　张　婷　王晓彤　杨　阳　于岫可　付传博
数字美术　曲思佰　刘　伟　赵立群　王永斌　霞子豪　杨寅勃　马　瑞　杨红双　王　彪
文案编写　张蒙琦　冯奕轩

幅面尺寸　226 mm×240 mm
开　　本　12
字　　数　65千字
印　　张　5
印　　数　1-6000册
版　　次　2023年5月第1版
印　　次　2023年5月第1次印刷
出　　版　吉林科学技术出版社
发　　行　吉林科学技术出版社
地　　址　长春市福祉大路5788号出版大厦A座
邮　　编　130118
发行部电话/传真　0431-81629529　81629530　81629531
81629532　81629533　81629534
储运部电话　0431-86059116
编辑部电话　0431-81629518
网　　址　www.jlstp.net
印　　刷　吉林省吉广国际广告股份有限公司
书　　号　ISBN 978-7-5744-0037-5
定　　价　49.90元